我们这样卖设计

SELL OUR DESIGN

工业设计专业创业实训

Training for Innovation and Entrepreneurship of Industrial Design

张路 徐威 李禹臻 著

江苏凤凰科学技术出版社

图书在版编目（CIP）数据

我们这样卖设计：工业设计专业创业实训 / 张路，徐威，李禹臻著. —— 南京：江苏凤凰科学技术出版社，2017.8
　　ISBN 978-7-5537-8513-4

　　Ⅰ . ①我… Ⅱ . ①张… ②徐… ③李… Ⅲ . ①工业设计－高等学校－教学参考资料 Ⅳ . ① TB47

中国版本图书馆 CIP 数据核字 (2017) 第 177032 号

我们这样卖设计　工业设计专业创业实训

著　　　者	张　路　徐　威　李禹臻
项 目 策 划	凤凰空间/张　群
责 任 编 辑	刘屹立　赵　研
特 约 编 辑	张　群

出 版 发 行	江苏凤凰科学技术出版社
出版社地址	南京市湖南路1号A楼，邮编：210009
出版社网址	http://www.pspress.cn
总 经 销	天津凤凰空间文化传媒有限公司
总经销网址	http://www.ifengspace.cn
印　　　刷	北京博海升彩色印刷有限公司

开　　　本	889mm×1194mm　1/32
印　　　张	3.75
字　　　数	60 000
版　　　次	2017年8月第1版
印　　　次	2018年2月第2次印刷

标 准 书 号	978-7-5537-8513-4
定　　　价	48.00元

图书如有印装质量问题，可随时向销售部调换（电话：022-87893668）。

前言
PREFACE

　　2015 年夏，大连理工大学建筑与艺术学院工业设计系的师生们共同启动了一个以工业设计为基础和核心的创业实训项目。本项目是由工业设计系本科生组成的团队在专业教师的指导下，自主完成从设计到创业实践的训练和体验项目，与传统的设计类课程相比，更加考验学生们的创新能力和他们对消费者、对市场的把握能力。本书意在将师生们对于本项目的感悟和成果呈现给各位读者，希望在创新创业的方向上对设计专业的学生们起到抛砖引玉的效果。

　　感谢徐威、李禹臻两位老师对于本项目的辛勤付出。感谢大连理工大学建筑与艺术学院工业设计系本科 2012 级和 2013 级学生们的努力工作。

　　本书尚有诸多不足之处，望读者指正。

张路

2017 年 4 月

作者简介

张路

    2011 年毕业于日本九州大学设计战略专业，获得设计学博士学位。2012 年起任教于大连理工大学建筑与艺术学院工业设计系。主要从事产品设计、公共装置设计及标识系统设计等领域研究工作。

徐威

　　大连理工大学建筑与艺术学院工业设计系系主任、副教授。1999 年毕业于同济大学工业设计专业，硕士学位。主要从事智能化产品、智能家居及传统家具领域的设计及理论研究工作。

李禹臻

　　2010 年毕业于清华大学美术学院，获得设计学学士学位。2013 年毕业于同济大学设计创意学院，获得工业设计工程硕士学位。现任教于大连理工大学建筑与艺术学院工业设计系，专注于智能交互产品设计及研究。

目录
CONTENTS

第一章
CHAPTER 1

用 7 天创造世界
CREATE WORLD WITH 7 DAYS

《圣经·创世记》说，上帝用了 7 天创造世界万物，每一天做了一件重要的事情。如果你想创造自己的事业，也需要做好 7 件事情。

1. 第一天 要有光

知道有启发性的创业故事和成功案例

你需要做的第一件事情就是获取一些创业灵感，而得到这些灵感最简单的方式就是了解那些成功的创业者。

腾讯把一个聊天工具做成了网络社交帝国，优步让每一位驾驶者都可以获得收益，苹果更是从个人电脑开始改变了这个世界……这些创业者不仅获得了启动资金，他们还明白品牌发展的重要性，知道如何为他们的产品找到市场，怎样使销售达到最好的效果。这就是我们在一开始要知道的事情：一些有启发性的故事，几位把产业从很小做到很大的企业家。

你会从别人的成功上得到一些启发，有一个参照目标总是好的，它会在你迷失的时候帮你回到正确的轨道上。

2. 第二天 造空气

学习、练习如何创造一个品牌

你需要受到良好的训练，可以选择进入一所顶尖的设计院校学习或者去攻读MBA。但对于大多数人来说，做买卖是比课堂更好的训练方式。因为无论你的计划书多么详实，最重要的还是如何实施下去（你可能听说过很多商业巨头在年少的时候都有过在商店打工的经历）。

接下来，你要思考思考你想运营什么类型的企业，并如何使它生存得长久，只要你做的不是一个家族企业，那么无论何种模式、多大规模的企业你都可以大胆地设想。

3. 第三天 造陆地

在不断变化的商业环境中寻找自己的根基

你可以自由地选择创业的城市，无论大城市或是小城市都有其各自的优缺点，你需要在此间寻找到最适合你的平衡点：是否可以便捷地出行？是否有合适的配套商？能否租到满意的办公空间？能否提供给你有品质的生活？

城市化使得许多二、三线城市在你下了班以后依然能够提供多种休闲放松方式，因此你不需要只把目标瞄准北上广。同时，许多二、三线城市的基础设施、商业配套比大城市还要齐备，当然，房价也是极大的优势。

4. 第四天 造节令

知道所有关于成功的知识

　　如何才能获得成功管理一个企业的知识？一种方法是请教企业家，他们每个人都有独特的管理技巧和商业模式，但是唯一的共同点就是：他们都不是追随者，因此要认真地向他们学习。

　　在这个过程中，你会发现一些有趣的事情。例如雅马哈从修理乐器一路做到生产摩托车，这其中最重要的因素应该是你的工作能够令你感到开心。

5. 第五天 造鸟鱼

学习企业家精神

你的私人秘书到底应该为你做些什么？你应该怎样雇佣员工或解雇员工？一个企业有如此多的事情需要思考。学习企业家精神不仅能让你在正确的方向上迅速前进，还能够拓宽你在处理在自己的世界里从未思考过的问题的眼界。

努力的工作从来都不是无聊的，你应该在需要的时候摆出谈判者的严肃面孔或者迷人的微笑。要拥有勇往直前的企业家精神，创业的路无论是现在还是在将来都不是坦途。

6. 第六天 造活物

创造完美的工作室

　　一个好的工作室应该能代表你和你的公司。这不是要求你装修得很花哨或者很时尚（除非你的公司就是从事时尚方面工作的）。你的工作室给潜在的员工和顾客的第一印象应该是你会一直在这里。

　　除了美好的视觉感受之外，你还要思考空间怎样分配才最合理，一天各个时段的采光条件，夏天如何通过开窗获取自然通风，坐在哪里可以既有私人空间又可以兼顾到日常工作……此外，你还需要考虑可以扩张的照明和家具系统，让形式追随功能才是最好的选择。

7. 第七天 休息

招待好你的客户

你需要寻找新市场，发现新想法，建立良好的联系，生意兴旺是通过与这个世界进行广泛的联系实现的，让你的合作者尽力把你的事情处理好，这就是企业招待理念的由来。

要知道哪些餐馆的味道好，哪个咖啡馆可以安静地交谈，哪个酒吧可以尽情地放松，没有人会记住会议室里的那些图表、数据，但是他们会记住会议结束后的精美晚餐。永远不要相信在家就会等来项目或者好的想法，走出去，在休闲娱乐中获得价值。

第二章
CHAPTER 2

保持创新力的 12 个小技巧
THE 12 TIPS OF KEEPING INNOVATION

　　管理一个创业公司需要持续的创新，也需要不断产生新的灵感，因此如何保持公司的气氛活跃、激发团队的工作激情，是摆在所有新的创业者面前的挑战。

1. 去跑跑步

健康

创业是艰苦的，即便是只有两个人的创业团队也一样。工作、思考，甚至是外卖，都消耗着你的精力。你需要某些能够清理你被阻塞住的大脑的东西，例如上下班路上跑跑步；公司里放置些可以舒缓压力的设施，例如一张台球桌，或者在墙上安装一个篮球框，前提是你的屋顶足够高。

2. 相信直觉

战略

你绞尽脑汁地思考，一遍又一遍地修改你的商业计划，但有时候建议你可以选择更简单的方式：听从你的内心。一个辛勤工作的人和一个已经成功的人之间的区别是：知道什么时候为深思熟虑的事情投下你的赌注。当面临留住或者卖掉你的公司的选择时，你会做出正确的判断。当然，这是教不会的，这种让心灵勇往直前的商业嗅觉只存在于你的 DNA 中。

3. 追随时尚

行头

很多人都误认为牛仔裤、黑色T恤是最佳搭配,对于创业者来说,行头真的很重要,无论男女都应该有一套应对紧急会议的平整的衬衫和套装,挂在工作室里,深蓝色或者灰色最合适,并且要做好随时打包装进行李箱的准备。

4. 保留联系的方式

名片

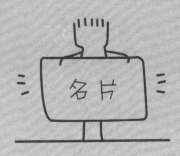

名片一直到现在还没有消失的原因是它有用。当你忽然想起曾经见过的某个人,需要用电话建立联系、讨论细节的时候就会感受到名片的作用,因此会议后把所有与会者的名片收集在一起放好,会让你在需要的时候找到对方,你的客户也会有与你相同的感觉。一张小小的名片可以带来意想不到的商机,而且,很方便。

5. 撸起袖子加油干

领导团队

你需要亲力亲为地去做从订购文具到帮助卸载的每件事，让公司的成长围绕着你，并且体现你的设计品位，从字体到家具，你需要把企业塑造成你想要的样子。你需要成为一个努力工作的老板，才会让你的团队会跟着你的步伐成长。只有你亲自做过的事情，才能让你知道别人如何做才是对的。

6. 常说谢谢

礼节

在办公室里做事，也要保持在社交媒介中的思维，在朋友圈中你需要别人点赞来获得满足感，在现实工作中竖一个大拇指、说一句真诚的谢谢、回一封感谢的邮件、留一张感谢的便签，都可以起到同样的作用，甚至更加有用。现实中许多公司失去了优秀的员工仅仅是因为他们没有表达谢意。去点赞吧，不要吝惜你的感谢。

7. 找到合适的空间

定位

　　为你的第一间办公室签约前，谨慎一些。你也许会在这里待上几年，你觉得真心满意吗？自然光够明亮吗？从窗户可以看到外面景色吗？预算确实不够时你需要一些妥协，但是给自己适当的压力也是好事。选择一个大家都喜欢的地方场所，要有不会晃动的舒适的办公桌椅。

8. 养只宠物

气氛

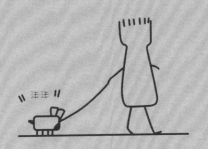

　　自己的公司会让你随意制定规则而不用在意人力资源的管理，因此你可以带你的狗狗来上班逗你开心，在遛狗的路上茅塞顿开或者在加班的夜晚陪伴在你的脚边，大量数据显示有宠物的工作室令人们放松且高效。

9. 观察世界

调查

商业就是观察人，观察他们需要什么，发现他们真正喜欢的是什么。这个世界变化很快，圆桌会议或者电话视频会遮住你的双眼，禁锢你的思维。你应该每年有一次调查旅行，去看看谁有了可以改变你的新想法或者是启发了你的新观点。走出去吧，世界很大，你得去看看。

10. 与团队共进午餐

聚餐时间

不要让你的团队在工作室里用餐。盒饭的饭粒儿会掉入键盘空隙中，油腻的指纹会印在刚完成的策划书上，方便面的气味会持续回荡在工作室的空气里。停！告诉你的全体员工停下，去街角的咖啡厅或者在街边小饭馆，期间的聊天也许会碰撞出新想法，你们的关系也会更加融洽。

11. 改变你的调子

K 歌

保持权威是件好事，但是有时你需要展示给人们你私下的一面，日本人很久以前就了解到了卡拉OK 的作用。你可能会被大家发现五音不全，但如果你放下一切用心吼出来，每个人都会更加喜欢你一点。

12. 用你的方式

放松

创业过程中，所有的收获、成功还有挫折都是生活的一部分。也许我们不能像有些西班牙商店一样，在下午 1 点到 3 点把大门关上，因为那是谁都不能剥夺的咖啡和午睡时间，但是你也需要有同等意义的放松。阳台上的一张摇椅，会议室里的一张沙发床，这没什么不可以，把自己的公司变成有趣的地方，变成一个恢复元气的地方。

第三章
CHAPTER 3

创新的形式
THE FORM OF INNOVATION

　　我们现在提倡"大众创业、万众创新",可见,创新是创业活动的核心条件之一。那么什么是创新?如何创新?

1. 概述

首先提出"创新"这一用语的是奥地利经济学家熊彼特。他认为创新是"在经济活动中，将生产手段、生产资料和劳动力通过异于往常的方法进行新组合的做法"，并提出了"新组合"的五种情况[①]：

(1) Product Innovation：新的产品
(2) Process Innovation：新的生产模式
(3) Market Innovation：新的市场
(4) Material Innovation：新的材料（技术）
(5) Institutional Innovation：新的组织形式（服务）

因此创新并不等同于发明创造，而是帮助人们（用户）追求更加舒适生活的一种异于传统的形式，这种形式可以是产品、体验或者服务等。本书中以熊彼特提出的五种"新组合"为基础，用六个设计创新的形式，供年轻的设计专业学生参考，包括：

(1) NP 模式：New Product 新产品设计开发的创业模式
(2) NE 模式：New Experience 以用户体验设计为主导的创业模式
(3) NS 模式：New Service 以服务模式设计为主导的创业模式
(4) P+D 模式：Product + Design 通过设计提高产品附加值的创业模式
(5) P+E 模式：Product + Experience 通过用户体验增加产品附加值的创业模式
(6) P+S 模式：Product + Service 提供产品及其相关服务与体验的创业模式

① EXPERIENCE DESIGN STUDIO 体验设计工作室. 体验设计：创意就为改变世界 [M]. 赵新利, 译. 北京：中国传媒大学出版社，2015.

2. 模式详解

（1）NP 模式：New Product 新产品设计开发的创业模式

新产品设计开发的创业模式是以工业设计为核心的最为基础的形式。一件具有创意的新产品，不仅可以使人们的生活变得更加舒适便利，甚至可以改变人们的生活习惯。例如智能手机普及之后，人们出门再也不需要随身听、便携游戏机、银行卡……一部手机同时解决了人们对于通信、游戏、音乐、支付等的多种需求。因此"NP 模式"的核心可以理解为，以解决人们（用户）生活需求为目标，利用新技术、新材料、新工艺等手段，开发具有新功能的工业产品。我们可以将"NP 模式"的主要方法归纳为以下几个环节：

①首先，我们需要发现人们生活中的需求点（用户需求），产品设计领域通常将其称为"痛点"。

②围绕"痛点"的解决方法，结合新材料、新技术、新加工工艺（生产手段），探索产品的主要功能。

③形成原型产品后，通过反复测试与反馈，验证产品的实用性。

④若得到肯定答案，可结合适当的营销模式投放市场；若得到否定答案，需返回用户需求及生产手段领域重新讨论。

通常情况下，由于 NP 模式的产品在功能性上具有创新的特点和排他性，因此在创业初期比较容易快速积累用户，但之后需要注意知识产权的保护以及产品的持续更新与创新，避免企业过度依赖单一产品而丢失市场份额与用户。

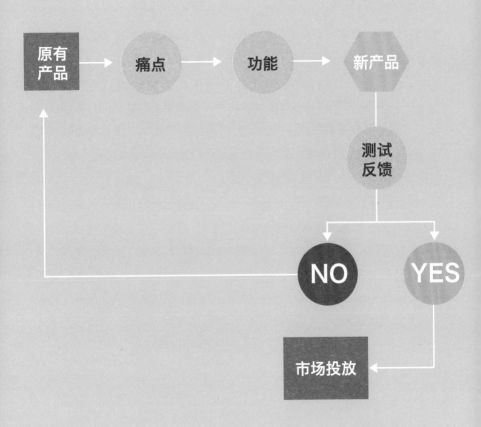

原有产品 → 痛点 → 功能 → 新产品 → 测试反馈 → NO / YES

NO → 原有产品

YES → 市场投放

（2） NE 模式：New Experience 以用户体验设计为主导的创业模式

用户体验设计是以用户为核心的一种设计方法。将用户需求作为设计的主要目标，设计过程关注的是用户的行为习惯和心理感受。建议年轻人首先尝试从自己熟悉与擅长的领域开展体验设计企划。将自己作为核心用户，比较容易准确地把握设计的真实性与针对性。同时，体验对于细节的把握也是十分重要。我们可以将"NE 模式"的主要方法归纳为以下几个环节：

①虽然我们鼓励年轻学生首先从自己熟悉或擅长的领域切入，但只站在个人的角度去考虑用户体验却是很容易出现错误的，因此需要联系用户，深入探讨他们在使用产品或服务过程中所遇到的问题。在这一过程中，要仔细地去倾听用户的感受并做好记录。

②根据访谈结果建立用户模型。把用户行为模式的原型描述成为具有代表性的个人档案，人性化地突出设计重点，测试方案，辅助设计交流。

③针对用户需求，至少提出 3 种以上的解决方案，并与同类别的竞争产品进行比对分析。

④将方案送回到用户模型进行评测，为用户描述你的解决方案，听取他们的意见和建议。

⑤不断地优化和更迭方案设计，直到用户满意为止。

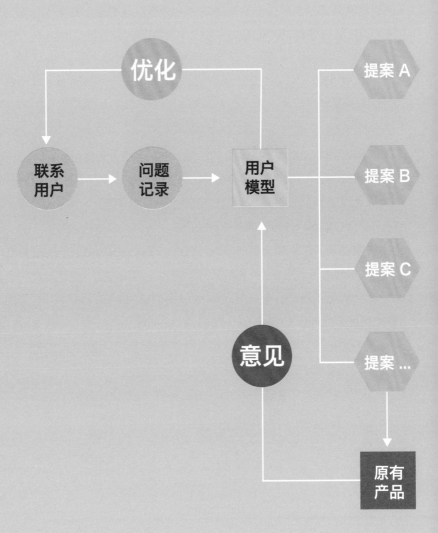

（3） NS 模式：New Service 以服务模式设计为主导的创业模式

服务设计是近年来设计行业非常热门的领域。其核心理念是创造新的或者改善已有的服务内容和形式，对于客户来说更加有用、易用，对于企业来说更加有效、高效。

NS 模式中可以没有具体的新产品作为载体，更多地强调的是人与人之间的合作以及共同创造，因此本模式的团队不仅需要掌握设计专业的技能，还需要熟悉市场、管理等领域的相关知识。NS 模式的核心方法可以总结为：

①首先从服务提供方（企业）和服务接受方（客户）双方面出发确定需求定位，即解决什么问题。

②确定具体的服务形式（空间、时间、手段、材料等），提出合理的解决问题的方法。

③以服务提供方的盈利形式和服务接受方的用户体验为基础，对服务的实用性进行评估。

④若得到肯定答案，可进行服务投放和传递；若得到否定答案，需返回需求定位和服务形式阶段重新讨论。

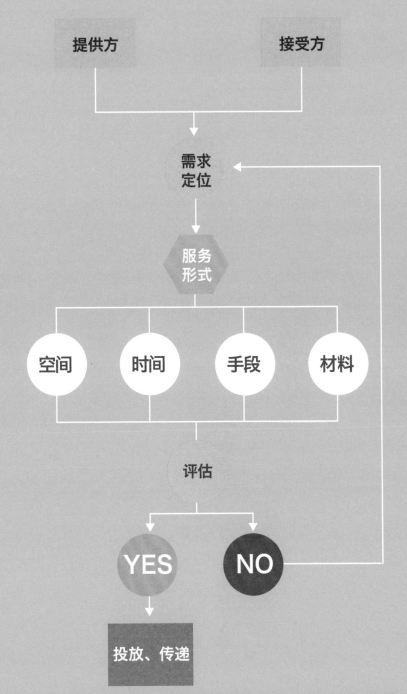

（4） P+D 模式：Product + Design 通过设计提高产品附加值的创业模式

P+D 创业模式的核心是，在现有产品的基础上，不改变原有产品功能的前提下，创业团队通过对原产品的包装、外观、展示方式等要素的再设计，提高产品的附加价值以达到盈利的创业模式。

P+D 创业模式对资金和成本的要求相对较少，因此本模式也是国内外许多知名的设计咨询公司、设计事务所使用的最主要的创业模式之一。我们可以将"P+D 模式"的主要方法归纳为以下几个环节：

①首先我们需要深入了解原有产品，分析其在市场中的核心竞争力，同时需要调查用户对于原有产品的需求反馈，从中总结出问题点或创意核心所在。

②以解决问题点或提出核心创意为前提，运用设计思维方式，提出合理的解决方法，创造或提高产品的附加价值。

③将解决方法可视化，形成具体的新产品的设计提案。

④将新产品的设计提案与原产品进行比较分析，验证其是否符合原产品的核心竞争力，是否满足用户对于产品的需求。

⑤若得到肯定答案，即得到新产品的 prototype 原型产品，可进入到市场投放环节；若得到否定答案，需返回到设计环节重新提案。

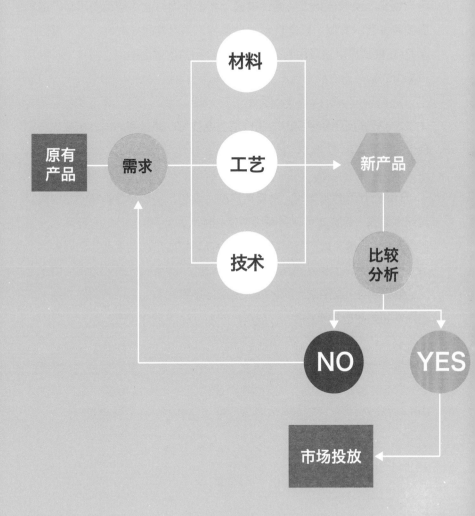

（5）P+E 模式：通过用户体验增加产品附加值的创业模式

P+E 模式强调用户体验对于产品附加值的提升作用。在本模式中，用户需要主动参与到产品设计中去，而不是通常被动地接受产品。这和很多装置艺术类似：只有当参观者参与进去后作品才成立、才完整。因此 P+E 模式可以被应用到很多定制类产品的创业活动中，创作出符合用户需求的独一无二的个性产品。其具体流程可以归纳为以下几个环节：

①分析原型产品自身的功能价值，寻找可以通过用户体验增加的附加价值的切入点。

②分析客户需求，评估产品与体验服务的技术指标和成本。

③在设计体验服务时，需要客户的主动参与，但设计师或创业者应为其划定范围，这样才可以提高顾客参与体验的效率。

④将体验服务或环节与产品相结合推送给客户，与没有体验服务的产品进行对比测试，分析其带来的附加价值。

⑤若得到正面结果，即可投入生产与销售环节；若得到负面结果，应返回到初始阶段重新提案。

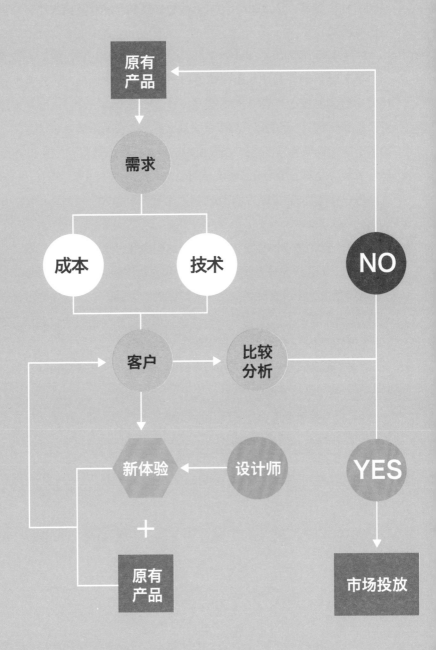

(6) P+S 模式：Product + Service 提供产品及其相关服务与体验的创业模式

相比于 NS 模式，P+S 模式更加强调产品（Product）在整个设计环节中起到的核心作用，P+S 模式中所有的服务（Service）都是围绕着产品展开的，一旦脱离实体产品，那么服务本身也没有存在的意义了。而 NS 模式对于实体产品的依赖性相对较弱，产品是促进服务的一个辅助环节或者要素，并且很多情况下可以由无形的产品（如 APP）来替代。我们将 P+S 模式的主要方法归纳为以下几个环节：

①首先需要有效地计划和组织本项目中围绕产品所涉及的成本、材料、技术等相关因素，从中找到需求所在，作为新型服务设计的切入点。

②调查用户在没有此类新型服务时遇到的困难，以及是如何自行解决问题的。

③围绕产品的核心功能，提出解决问题的服务形式。

④对本服务设计的效果进行用户反馈，验证此项服务是否解决了用户的实际需求，以及满意度。

⑤若得到肯定答案，可将新型服务投入到市场应用，并深入讨论未来可能的盈利模式；若得到否定答案，需返回到设计环节重新提案。

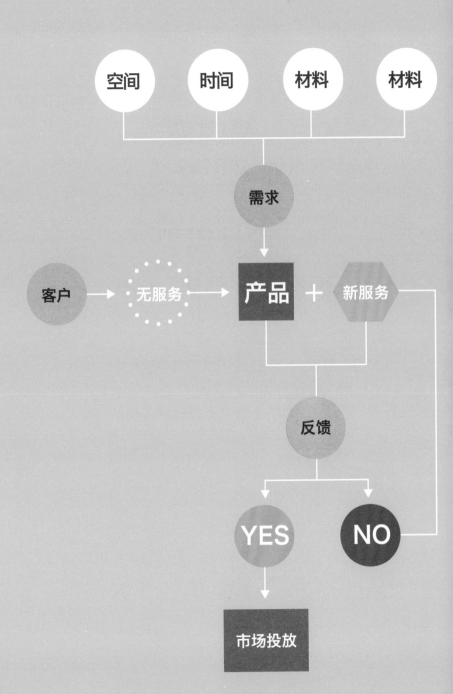

第四章
CHAPTER 4

设计实训
DESIGN PRACTICE AND TRAINING

　　2015 年夏，结合第三章的 6 种设计创新的形式，大连理工大学建筑与艺术学院工业设计系的师生们共同完成了这样一项创业实训项目。

1. 课题的要求：把自己做的设计卖出去

这不能是纯粹的商业活动，而是以设计为盈利的核心环节，这就要求学生不能去找渠道批发一批便宜的货品到学校里售卖，而是必须体现自己的专业能力，要靠设计。设计的对象没有限制，可以是一个产品，一系列产品，一项服务或者一项体验，但都必须可以在规定时间内落地出售。由于售卖地点设定在校园内学生生活区，因此贩售对象以学生为主，特别是开学刚入校的新生。

学生自行组成六七人为一组的创业团队，整个训练项目历时三周，每个项目小组会得到 1000 元的启动资金。盈利超过 1000 元的将返还1000 元本金，其余盈利项目成员自行分配，盈利不足 1000 元返还盈利即可。

2. 成果

- 包 / 垫（NP 模式）
- 秘密大工填色扇（NE 模式）
- 解忧杂货铺（NS 模式）
- 趣大连——公交卡周边设计（P+D 模式）
- 轻松地开学季——L 夹系列设计（P+D 模式）
- T 恤酱——个性定制 T 恤（P+E 模式）
- 来块镜子（P+S 模式）
- ZZZZAH 大工建筑积木设计（P+S 模式）

包 / 垫

可以当包的坐垫设计

CUSHION & BAG

选题背景

　　试想，冬天坐在大连理工大学的自习室里，自习室的你有什么感受？没错，用一个字概括就是冷！特别是与身体接触面积最大的物体——座椅，格外凉。这种时候我相信你一定需要它——坐垫！

　　东北的冬天天气严寒，在东北的校园里，坐垫随处可见。但因为自习地点变动性大，所以常常需要把坐垫来回带，坐垫体积大，不便携带，背个书包带个坐垫实在累赘。针对这个问题点，我们对坐垫展开了思考。

成员介绍

刘婉玲
小组组长，负责整体的
项目规划和任务分配

李博
负责产品设计、卖场
布置和现场售卖

金玲
负责产品设计、卖场
布置和现场售卖

王瑛琦
负责市场调研、商家
联络和产品实现

李志伟
负责平面设计、产品
宣传和现场售卖

设计思路

　　起初，我们试图设计出各种各样功能和外形的坐垫，售卖时的小摊就是个坐垫专卖店。经过头脑风暴，想象坐垫的各种可能性，同时通过市场调研确定各种想法的可行性，用户调研（学生）确定用户基本需求，我们最终选定"坐垫＋便携""坐垫＋包"这两种设计思路。

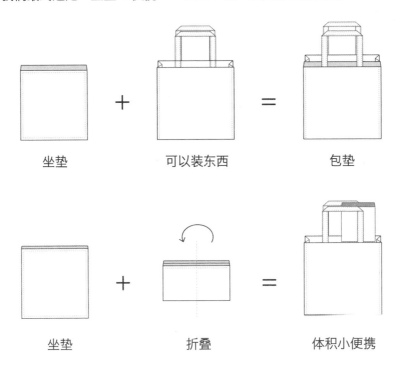

坐垫　　　　　　可以装东西　　　　　　包垫

坐垫　　　　　　折叠　　　　　　体积小便携

　　关于"坐垫＋包"，最开始浮现在我们脑中的方案是书包和坐垫的简单组合，经过进一步思考，我们认为应该把坐垫作为主体，附加简单的储物功能。因为目前大多数人都有背包，不太会因为需要坐垫而新买包，所以我们最后决定做具有储物功能的坐垫，方便在自习时带些东西。

最终款式

便携坐垫：通过精心的拉链设计，坐垫折叠后拉上拉链，就可像书一样放入包内。

电脑包坐垫：电脑包与坐垫同样都具有缓冲填充材料，于是有了电脑包加坐垫的想法。

单肩包 / 挎包坐垫：背包自习，将书本笔等东西拿出来后包就成为坐垫。

便携坐垫

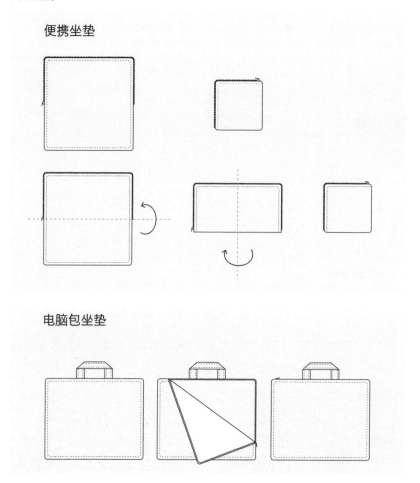

电脑包坐垫

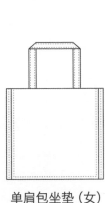

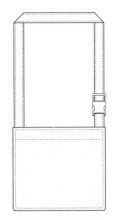

单肩包坐垫（女）　　　　　　　挎包坐垫（男）

材料选择

在布料上我们选择了成本低、品质佳的帆布。经过调研，帆布材料在包上运用很多，在学生群体中接受度极高。同时，帆布还有耐久、牢靠、易清洗的优点，很适用来做坐垫，给坐垫一抹小清新的韵味。在填充材料上，我们选择了仿丝棉，以适应坐垫易脏的特点。同时，仿丝棉的厚度为 5 ～ 50mm，跨度很大，符合我们对于不同款式坐垫填充物厚度不同的要求。

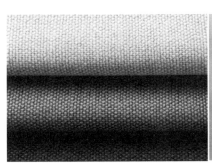

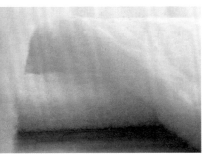

成品展示

    在颜色上，便携式坐垫我们选择了白色和柠檬黄这两种纯色。挎包则以黑色为主体，搭配以黑色和白色两种肩带共两款供用户选择。电脑包是完全黑色的款式，单肩包正面为黑色，侧面配以白色条纹装饰。在参照了很多服装设计、背包设计的设计手法后，将其运用在我们的设计中，使其更易于被学生们接受。

产品生产

　　款式布料选定之后，我们确定两种生产形式，一种是自己购买原料找加工方加工；第二种是找稍大的服装厂，由其全权负责原料、配件、加工等一系列生产过程。此后我们多次前往大连市场询问材料价格与加工价格，通过分别的资金和时间成本预算对比，选择了成本较低，同时也更为节约时间的第二个方案。

盈利模式

我们一共定做了五款包垫，共 100 个。分别是电脑包坐垫 10 个、女款单肩包坐垫 20 个、男款挎包坐垫 20 个、便携坐垫 40 个、简单坐垫 10 个。根据设计难易程度，给五款包垫分别价位，并根据五款坐垫的功能互补性设了几个优惠套餐：购买男款＋女款优惠 10 元；购买任意一款＋便携坐垫优惠 10 元，在促进销售的同时，预防坐垫款式销售不均衡，任一款滞销积压。

销售分为现场出售和预定出售两部分，为加强产品的特色与个性，包垫上的图案可以定制，如需定制则需付订金预订。

产品盈利统计表

售卖品	定做个数	单个成本	售卖价格	售出份数	最终盈利
电脑包包垫	10	20元	49元/个	7个	143元
单肩包坐垫	20	20元	39元/个	17个	263元
挎包坐垫	20	20元	39元/个	13个	107元
便携坐垫	40	20元	29元/个	31个	99元
简单坐垫	10	20元	19元/个	3个	-143元

售卖当日盈利 251 元，后续一周包垫全部卖出，最终盈利 1182 元。

成员感悟

　　这次活动中，我们将自己的设计与实际结合起来，将设计品制成实物并售卖。加入生产制作和售卖环节之后，遇到了很多之前没有遇到过的问题。

　　在设计方案出来之后，我们逛了很多次布料市场，发现其想法与实际有很大出入，一开始想用靓丽的配色来让包垫的外观更出彩，后来却发现布料市场并没有符合我们配色的布料颜色，而且定制需要大量的金钱和时间。最后我们选择了简单的黑、白、黄三色，所以在设计之前，一定要做好市场调研，考虑到设计的各个环节，以保证设计的顺利进行。

秘密大工填色扇

您可以为它填充任何颜色

设计背景

　　秘密花园填色书风靡全球，我们团队正是在这一背景下发现了创业商机。新生报道季正值夏秋交替，气候炎热，一把以大工建筑、景观、花鸟为图案的填色扇子便应运而生。秘密大工填色扇不仅可以留作纪念，更可以添上自己独特的颜色，赠与好友，意义非凡。

成员介绍

李帅	杨兴宇	刘曦文	杜亮熠	谢紫赟
扇面植物图案设计，调整打印效果，购置扇子	大工建筑图案设计，展区设计和手绘图案	资料收集，扇面图案原稿手绘	负责销售当天事宜，展板和销售价目表设计	扇子填色作展示样品，购置彩铅等周边产品

手绘图样

　　秘密花园最打动人的就是风格独特的手绘图案。采用手绘的方式是希望图案可以给人一种亲切的感觉，避免软件制作的案图带给使用者的那种刻板、冰冷。在总结了大连理工大学最具特色的元素之后，设计小组成员通过手绘线框的方式，将这些特色元素表现出来，然后再对相关元素进行组合，构成了最后丰富的画面。

我们主打的一套方案是建筑群落，选出了大连理工大学最有代表性的七个建筑：令希图书馆、第二教学馆、大黑楼、综合教学一号楼、科技园大厦、彩虹桥、刘长春体育馆，以及大工英文缩写 DUT，通过将建筑与周边植物相结合，形成了以下八种图样。

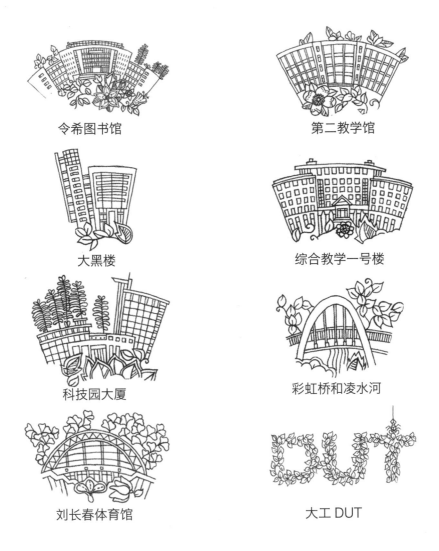

令希图书馆

第二教学馆

大黑楼

综合教学一号楼

科技园大厦

彩虹桥和凌水河

刘长春体育馆

大工 DUT

扇面设计

我们根据前面选定的图案,设计了以下三款扇子。

1. 大工校徽扇

扇面的图案是由树叶构成的大连理工大学校徽,整体设计灵感来源于令希图书馆楼前广场俯瞰时呈现的巨大校徽。

2. 大工建筑扇

将选出的最具代表性的七个建筑围成一圈,中间花团锦簇。

3. 大工花鸟扇

新生在校园里可以看到喜鹊、花朵、金鱼、蝴蝶,幸运的雨后可能与青蛙偶遇。我们将这些元素组合起来,希望新生可以发现并记录这些动植物。

产品及周边

1. 纸质扇面

　　三款不同图案的扇面，由加厚覆膜铜版纸制成。顾客可根据自己的喜好选择不同的式样。扇面上的纹样由设计小组成员手绘后印刷，整体效果雅致清新。

2. 透明扇柄

　　可拆分的透明手柄保证了扇子的实用性。手柄和扇面分离售卖，保证了扇面上图案的完整性和填色时的舒适性。透明材质降低了手柄的存在感，最大限度地突显了扇面图案的魅力。

3. 彩色铅笔

　　考虑到很多顾客平时没有绘画的基础，身边没有填色工具，这次产品套装中还加入了十二基础色的彩色铅笔。

现场布置和售卖

最终售卖展区被瓦楞纸板和木条框划分为五个区域：存货区、销售区、成本展示区和两个现场涂色区。待售的扇面、扇柄和彩色铅笔堆放在存货区；小组成员在销售区叫卖；成品展示桌上放置着涂色样品；两位成员在现场涂色区进行填色演示。

整个销售与展示区域的布置，我们进行了精心的设计。木框架搭建成的左右两个半封闭空间中，系满了由细丝拴住的空白扇面，形成了自然的隐形屏障，具有韵律美和醒目感。后侧背板张贴着主题宣传海报，左、右两侧均悬挂着产品价目表。

主题宣传海报由两种扇子上的线稿元素拼接而成，并配有我们此次活动主题名称——秋夕画工，并附一首小诗："银烛秋风冷画屏，轻罗小扇扑流萤。不要问哥为什么，装酷就往西山请。"颇具特色，清新雅致又不失风趣幽默。

盈利模式

　　本着薄利多销的原则，我们设置了两种套餐：第一种是三种样式的扇子组合；第二种是三种样式的扇子组合外带彩色铅笔。这种营销策略为真正喜欢此款填色商品，并以收藏为目的的同学提供了更多价格上的优惠，又能帮助我们销售更多商品，获得更大利润。

本次营销的宗旨：给顾客最大限度的自由度。

第一，在产品的设计方面，设计了三组风格统一，但内容各异的扇面图案，基于调研的设计满足了受众群体的喜好。顾客根据自己的兴趣进行选购，无论喜欢什么风格都可以在这里找到平衡。

第二，平衡营销，本次销售提出了分组售卖的模式；可以单独购买彩色铅笔、单独购买一把扇子、三种扇子成套购买或选择一套扇子加一组彩色铅笔。顾客可以根据需求进行选购，套餐购买时价格会有适当优惠。这种弹性的购买方式能够充分照顾到每类顾客的不同需求，也完成了产品售卖利润的最大化。

产品盈利统计表

售卖品	扇子	彩铅
产品成本	3.4元/张	2.1元/盒
售卖价格	5元	5元
售出份数	150张	30盒
产品结余	建筑 55张 花鸟 74张 校徽 77张	9盒
最终盈利	240元	87元

成员感悟

　　这次创业实践对设计小组的成员来说都是一个全新的领域。以往的学习中，我们只需考虑设计本身，但在这次的实践中要受到成本、实际生产等现实因素的制约。这种贴近实际生产的实践，正是我们进入社会公众时要面对的。设计要考虑的不只是设计本身，更是这个设计与周围环境的关系。能够在学校中尽早接触这一点，为我们日后真正进入社会提供了宝贵经验。

解忧杂货铺

生活意见领袖：从设计师的角度为新生挑
选一款实用的设计良品

Z门钩

￥25

寝室里的放松天地

宿舍简易热水器

简易压力泵

酷毙灯

记事本便携水壶

晾枕架

便携晾晒架

折叠菜板

设计背景

　　大学时代是人生中最美的时光，很多人初次离家，开始独立生活。然而集体生活的环境与家庭场景不同，校园商铺虽琳琅满目却也只是在满足基本的生活所需。所以我们以此为出发点，针对没有校园生活经验的新生，为他们在挑选基本的生活用品时，提供一个让他们眼前一亮的交易平台。

　　作为工业设计系的学生，凭借丰富的校园生活体验，加上设计师对于细节的敏锐嗅觉，我们优选了十款生活良品，凭借本次课业的机会，组建创立此次创意良品铺。

成员介绍

杨济远	文萍	姚晨曦	朱亦浩	王梦莹
海报制作、宣传布置、现场售卖	产品筛选、海报制作、成本统计	宣传布置、现场售卖、项目规划	海报制作、宣传布置、现场售卖	产品筛选、海报制作、销售策划

方轶群	李昱材	刘茂臻	林嘉程
产品筛选、海报制作	前期调研、售后服务	宣传布置、现场售卖	宣传布置、售后服务

可以画画的时钟

查找货源

在选择售卖商品的过程中，我们小组也探索了许多渠道，线上通过搜索各大购物网站，如淘宝网、阿里巴巴、优集品等，搜集适合大学生群体的小商品；线下调研大连市内的几家家居品牌，如联惠家居、宜家家居以及一些小众家居市场等，进行价格对比，实地考察。

在组内成员多次探讨以及和于老师的交流中，小组确定了设计杂货铺的目标。初期策划时，小组成员寻找了大量的产品，涵盖了新生生活的方方面面。

最终产品

简易饮水机
简易饮水机，适配通用饮用水桶

洗澡神器
在宿舍也可以轻松洗澡

书型水壶
独特的形状，可以放在书包里不占空间

条形灯
节省空间且具有 30 秒延迟功能

折叠沥水小菜板
可折叠，可沥水，方便收纳

多孔晾衣绳
多孔的设计，满足了衣架挂钩的使用并防止滑脱

多用晒枕架
长度可调节，可以满足基本上所有小物品尺寸

迷你整理挂钩
增加晾晒空间

柜门挂钩
利用柜门实现多物挂放

宿舍吊床
舒适宿舍生活

　　随着项目的不断推进，大家渐渐对项目主体进行了更为深入的了解，并确定了选择产品的标准：产品外观富有设计感，满足校园生活中的实际需求，且不容易在校园商店购买到。最终，根据展示效果和销售预期，我们确定了功能各异的 10 件商品，整个过程虽然曲折，但最终结果证明了选择的成功。

现场布置售卖

商场按照不同种类划分板块进行售卖，共有文具类、收纳类、洗浴类、厨具类、床品类以及创意产品类六大板块，根据使用相关性进行调配，并通过一定的促销手段，加快产品销售速度。

在展台的布置上，我们选用瓦楞纸这种成本低、适应性强、设计感优、易于拆装的材料，将之用于背景墙的搭建以及展台桌的组装上。让背景墙上钉有我们的产品海报，朴素的背景和色彩鲜明的海报形成了鲜明的对比，突出了产品信息的辨识度。整体力图营造一种健康、简洁、清新、有设计感的展示效果。

实际销售过程可用"火爆"二字形容，这得益于我们醒目的自助海报标识和成员们明确的分工，因此现场虽然拥挤但并不混乱，同学们得以高效有序地咨询和选购商品。

盈利模式

分类售卖，附加赠送。

同类商品作为套装购买会有优惠，也可单独购买；具有附加功能的产品，例如杯子和杯垫、晾衣绳和衣架可进行捆绑销售，低成本小物件可作为赠品。

产品盈利统计表

售卖品	售卖价格	进货数量	售出份数	最终营利
帆布吊床	26元	5个	5个	58元
折叠沥水切菜板	15元	8个	8个	59.6元
宿舍简易热水器	55元	7套	7套	172元
晾晒架	5元	20个	18个	47.8元
晒枕架	10元	20个	15个	81元
栅栏式晒衣绳	5元	15个	15个	30.65元
不锈钢门钩	5元	15对	15对	42元
A5纸张水壶	25元	10个	10个	163元
酷毙灯	35元	5个	5+20个	300元
简易压水泵	20元	10个	5个	57元

本创业项目杂货产品总投资为 1239 元，布展海报加打印费用为 156 元，最终销售额为 2250 元，总盈利为 855 元。

成员感悟

这次设计创业项目让我们真正开始思考如何运用设计思维及方法去盈利，而不单单是停留在设计作业本身的层面上。

前期我们想为学生"私人定制"宿舍的家装，用我们自己设计的产品来满足学生的需求。但经过大量调研后发现，大学生需要的都是一些很生活化的东西。这些现有的东西不需要我们再去设计，而且再设计的成本也很高，因此我们决定为大学生做一套服务设计，为大家提供一份宿舍必备产品的清单，并提供后续服务。所有的产品都是大家精心甄选出来的，具有产品设计的美感且经济实用。通过购买、售卖、上门安装的整个活动过程，我们体验并完成了一整套服务设计。

趣大连

公交卡周边设计

趣大连

趣大连

趣大连

趣大连

趣大连

趣大连

设计背景

　　大学新生来到新城市学习生活时，出行主要依靠公共交通工具，基于这一要求，我们小组融合大学生元素和特色，设计了一套公交卡的周边产品，包括卡套、卡贴和一份特色地图，配套公交卡一同出售，是新生短期内了解城市及大学的必备产品。

成员介绍
Members

徐诗涵	马菁莹	付昱	张士全
海报制作、	产品帅选、	宣传布置、	海报制作、
宣传布置、	海报制作、	现场售卖、	宣传布置、
现场售卖	成本统计	项目规划	现场售卖

卡贴设计

    我们设计了四种公交卡贴，其中两种是以大连为主题，具有浓厚的大连特色。另外两种卡贴则是以大连理工大学为主题，有着强烈的大工特色，同时也配有校内的简单地图，深受学生喜爱。

包装设计

　　包装分为卡套与套餐组合包装两类，其中卡套是我们特殊定制的双卡位透明卡套，可以一面放地图，一面放公交卡，方便收纳与查阅。套餐组合包装则是将所有单品收纳其中，包装使用有质感的牛皮纸信封，封口是融合大工校徽与公交车的英文 BUS 的封口贴设计。

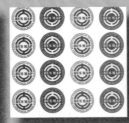

趣大连地图设计

我们通过对刚入学新生的调研，发现他们面临的最大问题之一就是不了解城市地理情况及公交车路线，因此以四年的在校经验归纳出经常去或者值得去的地方，并分类整理，其中包括生活必备、旅游景点、交通必备、生活娱乐、文艺生活、周边大学六类，并又标注出了去往各个目的地的公交路线。我们采用了特殊的撕不烂的纸作为整个地图的载体，来保证地图的耐用性。不使用时，可以折叠放入我们的定制卡套的背面，非常便携。

地图正面设计

趣大连

生活必备

生活必备
- ◎沃尔玛 — 东北财经大学
- ◎乐购 — 和平广场
- ◎华润万家 — 漆南路车站
- ◎医大一院 — 奥林匹克广场
- ◎医大二院 — 医大二院
- ◎万达广场 — 漆南路车站
- ◎碧辉商城 — 东北财经大学

- ◎和平广场 — 和平广场
- ◎罗斯福 — 西安路
- ◎胜利地下 — 青市街
- ◎大菜市 — 星市街
- ◎青泥洼桥 — 希望广场
- ◎金玛大厦 — 漆南路车站
- ◎大连电子城 — 东北财经大学

旅游景点

- ◎星海广场 — 星海广场
- ◎老虎滩 — 老虎滩
- ◎圣亚海洋 — 星海滩
- ◎动物园 — 动物园
- ◎发现王国 — 金石滩
- ◎3D错觉 艺术馆 — 兴工街

交通必备

- ◎大连站 — 火车站
- ◎大连北站 — 大连北站
- ◎周水子机场 — 机场站
- ◎大连港 — 码头站
- ◎黑石礁 客运站 — 黑石礁

生活娱乐

生活娱乐
- ◎万达影城 — 漆南路车站
- ◎米高梅影城 — 漆南路车站
- ◎华臻影院 — 东北财经大学
- ◎奥纳影院 — 和平广场
- ◎金钱柜 — 星海广场
- ◎好乐迪 — 星海广场
- ◎大歌星 — 漆南路车站

文艺生活

文艺生活
- ◎好声音KTV — 漆南路车站
- ◎合声盘古汇 — 东北财经大学
- ◎星海海域 — 星海滩
- ◎金石滩海域 — 金石滩
- ◎傅家庄海域 — 动物园

- ◎回声书吧 — 码头站
- ◎漫咖啡(f书城) — 码头站
- ◎猫的天空之城(BAR) — 老虎滩
- ◎沈小甜的家 巴店 — 天津街
- ◎犁巷物语 — 黑石礁

大连大学

大连大学
- ◎大连海事 — 海事大学
- ◎东北财经 — 东北财经大学
- ◎辽师大 — 黄河路站
- ◎外国语学院 — 市政协
- ◎大连民族 — 开发区

一优惠信息及使用范围一

交通	影城
地铁 8折	万达影城 6折
快轨 9折	华臻影院 6折
公交 9.5折	大歌影城
部分出租	

商店	药房
大商新玛特超市	益寿堂药店
大可福吉利超市	大仁堂连锁药店
沃尔玛超市	壹号大药房
大地本便利店	阳光大药房
好利来蛋糕店	成霖大药房
喜饮爱蛋店	东盛药店

一充卡规则及充值点一

充卡规则
- 1开卡: 30
- 最高充值额: 1000元
- 每次充值额: 20、50元/50元倍数

2充卡时金额当即金当额
3遗失卡若损, 卡失不得失

充值点 (附近)
- 大商店充值点
- 充值银行
- 大商店超商店
- 大连新玛特超市
- 伊凯站充点

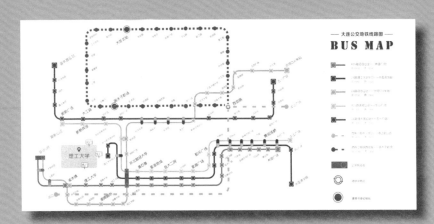

地图背面设计

一大连公交地铁线路图一
BUS MAP

理工大学

77

售卖货架设计

撕不烂的"趣大连地图"主体产品

主体买点提示

产品放置处

盈利模式

我们将自己的产品分为两类套餐，分别为初识大连和玩转大连。除了仅有公交卡内的充值金额不同外，其余产品均相同（参考价目表）。另外我们也对卡套、卡贴及地图这三款设计单品进行了单独售卖。

产品盈利统计表

售卖品	产品成本	售卖价格	售出份数	最终盈利
初识大连(A套餐)	85元	95元	78套	780元
玩转大连(B套餐)	135元	145元	14套	140元
撕不烂的地图	4元	10元	20份	120元
纪念卡贴	0.3元	3元/个 5元/2个	22份	48.4元
定制卡套	0.4元	2元	11份	17.6元

套餐的售出份数相对多一些，其中初识大连套餐售出了 78 套，净盈利为 780 元；玩转大连套餐售出了 14 套，净盈利为 140 元。单品中卡贴售出份数较多，共售出了 22 份，净盈利为 48.4 元；地图售出 20 份，净盈利为 120 元；卡套售出了 11 份净盈利为 17.6 元。最终我们共售出了 92 套产品以及 53 份单品，净盈利为 1106 元。

成员感悟

　　本次活动让我们受益匪浅，具体在信息收集与实物制作两方面。例如本次设计的主要产品之一是记录学生必备信息的地图，经过多次调查、分析、讨论，我们在地图中记录了学校周边的交通信息，并推荐了一些娱乐地点、书店、医院等必要信息。这个删减、精选的过程让我们明白了设计中取舍的重要性。这张地图的卖点之一是"撕不破"，为了寻找合适的材料，以及对应的合适的印刷方式，我们在网上做了大量调查，进而对印刷工艺与平面设计的了解又更进了一步。而在实际售卖过程中，展板制作以及与学生顾客的交流，让我们的动口、动手能力得到了很大的提高。这个活动需要手脑结合，不仅是设计出对应的产品，而且要做出实物并售卖，很好地锻炼了我们的设计和社交能力，对未来发展有很大的帮助。

P+D 模式

轻松地 开学季

L 夹系列设计

设计背景

　　为了帮助新生快速熟悉校园，轻松应对琐事繁多的开学季，我们将全新设计的大工地图、校历以及极具大工特色的 L 夹结合起来，力求产品实用又有趣。

 + **A4** **=**

学校分发的单张纸质材料易丢失且不易携带

开学季有大量纸质材料，需要 L 夹收纳

便于携带校历、地图等内容的实用美观的 L 夹

成员介绍
Members

王欣彤
前期创意、
图案设计

董方舟
前期创意、
图案设计

陈思蓓
前期创意、
厂家联络

罗书翰
前期创意、
图案设计

产品简介

通过实地调研及对销量较好的 L 夹进行分析，我们意识到设计该产品的关键在于图案本身对于用户的吸引度，售卖纪录较好的同类产品，不是拥有"高颜值"就是拥有纪念意义的特殊元素，美观且独特。

因此决定将大部分精力用于设计地图、校历和课程表三款图案，同时联络厂家及设计营销模式。其中以地图为主打款式，校历及课表相对次要，这样划分是因为地图设计发挥的空间较大，可以有多种表现形式，而校历及课程表以表格形式为主、变化相对较小。

校历 L 夹设计

我们深入分析了现有校历及新生开学时规划日程的需求，着手设计了全新的校历。

新生入学最重要的时间段是开学教育周及军训，因此我们在视觉效果上着重突出了这两周；此外，结合学校课程设置特点，在期中有可能换课及期末考试周这两个重要节点也进行了视觉上的强调，帮助新生有条不紊地应对各种琐碎事宜。

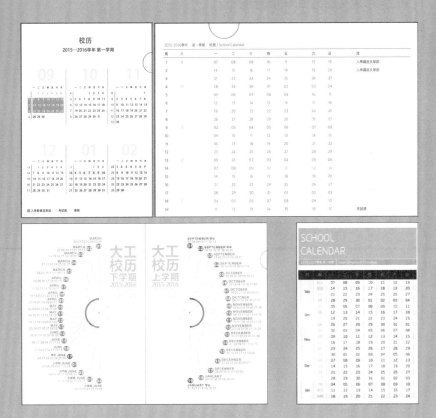

课程表 L 夹设计

　　大学课程安排较高中更加灵活，不再全班拥有一份课表，每门课的地点也不尽相同，这些变化对于新生而言是不小的挑战。为了帮助新生尽快适应大学授课形式，我们决定对现有课程表进行重新设计，视觉上突出时间、地点等关键信息，让新生不再迷糊。

校园地图 L 夹设计

　　刚刚步入大学的新生们对即将生活四年甚至更长时间的校园极为好奇，开学季我们总能见到在校园里到处转悠的新生，走几步就会被拦下问路的经历也不少见。若是在急需地理位置信息时，有一份易懂又便携的地图该是多么亲切，不用担心网络信号不好导航失败，也不用去看不能移动的校园导视"步步谨慎"。

　　在参照了大量的地图设计之后，我们决定为每个校园建筑都绘制出类似的立体图，形象、直观的为各位新生带来不一样的寻路体验；色彩上则以蓝、白、绿搭配为主，深夏初秋时使用，清爽宜人。

盈利模式

我们将三款产品合为一整套，单独售卖每款 6 元，购买整套三款则有优惠售价 15 元 / 套。我们也注意到，要随时留意购买的比例问题，实时调整策略，以防哪一款剩余过多，难以销售而造成积压。

另外，我们还计划于学校纪念品店进行合作，可进一步推广。如果能够与校方合作，则考虑授权比例、销售方式等问题。

产品盈利统计表

生产厂家	明烨纸制品		义乌齐辉文具	
加工数量	1000个	3000个	1000个	3000个
成本单价	3.1元	1.5元	2.5元	1.5元
运费	100元	100元	100元	100元
现场布置成本	200元	200元	200元	200元
总成本	3400元	4800元	2800元	4800元
售卖单价	6元	6元	6元	6元
预期盈利	2600元	13200元	3200元	13200元

成员感悟

　　这应该是第一次把我们的设计投入到实际的商业环境中接受检验的课程，对我们来说是一次很大的挑战。这样超出狭义产品设计范围有更多创业成分的课程，让我们学到很多设计之外的东西。前期大家一起讨论方案，联系厂家询问价格，真正考虑一个设计从方案到实物过程中可能遇到的种种问题，这对我们来说，是前所未有的设计体验。

P+E 模式

T 恤酱

个性定制 T 恤

设计背景

早在这个项目开始的半年前，我们就有了一个工作室，工作室的名字很大胆，叫作"人民公设"。因为我们是心怀伟大抱负的工业设计系男青年。我们都是Ｔ恤爱好者，"一个夏天至少要买七八件Ｔ恤"，喜欢潮流文化的我们看好Ｔ恤在年轻人群体中的市场。某种程度上，Ｔ恤也能成为我们表达自我的出口。国外的定制Ｔ恤模式已相对成熟，但反观我们身边，几乎从来没有人穿着定制Ｔ恤。就算有活动定制Ｔ恤，质量也是参差不齐，设计感不足。

我们认为，一件好的Ｔ恤必须符合四个属性：好看、好穿、耐穿、健康，我们理所当然地坚持。产品最重要的属性是来自于用户的创意需求，我们辅助以简洁恰当的设计，以及为了匹配这与众不同的作品，提供的优质的底衫。于是，在成立工作室一段时间之后，就有了这次主要介绍的项目：现场Ｔ恤定制，DIY CHOOSE YOURSELF！

成员介绍
Members

周景熠	陈越	缴中琛	谢琦川	王柯
人员规划、	前期方案、	图案设计、	人员规划、	Ｔ恤采购、
图案设计	Ｔ恤印制	现场印制	图案设计	成本财务

产品展示

最终，我们选择了灵活的字母及标志标贴搭配的方式进行现场印制，同学们可以选择字母贴纸组合成自己想要的图案。通过现场的热转印机即时制作出属于自己的个性 T 恤。

同时，作为面向学生的校园文化衫，我们也印制了一些流行语中文字符以及颜文字的标贴，增强了文化衫的个性、年轻、活力的特征。

a b c d e f g h i j k l m n o p q r s t u v w x y z
A B C D E F G H I J K L M N O P Q R S T U V W X Y Z
1 2 3 4 5 6 7 8 9 ! ? + - = ( )

盈利模式

我们将产品分为三类进行售卖，一类是我们组内成员每人设计一件的标准款式，这一款因为是活动进行前就准备好的，所以售价最低；第二类是现场拼字 T 恤，购买者使用我们现场为他们准备好的英文字母或者颜文字进行图案摆放，争取创造出自己最满意的文字图案；第三类是现场定制款 T 恤，购买者可以在现场与我们沟通 T 恤上更加复杂的内容、图案，由我们在之后的三个工作日内制作、发放。

而一开始我们购买空白 T 恤的渠道是从网上订货，均价 10 元 / 件，但是很快发现网上订货不可控，质量参差不齐，于是我们在活动进行前夕更换了进货渠道，由网上进货改为了本地 T 恤加工厂进货，虽然每件的成本增加了很多，但是质量得到了保证。

产品盈利统计表

售卖品	产品成本	售卖价格	售出份数	最终盈利
固定模板类	25元	40元	18件	270元
现场拼字类	30元	50元	25件	500元
定制类	30元	60元	12件	360元
空白T恤	15元	20元	1件	5元
总计			56件	1135元

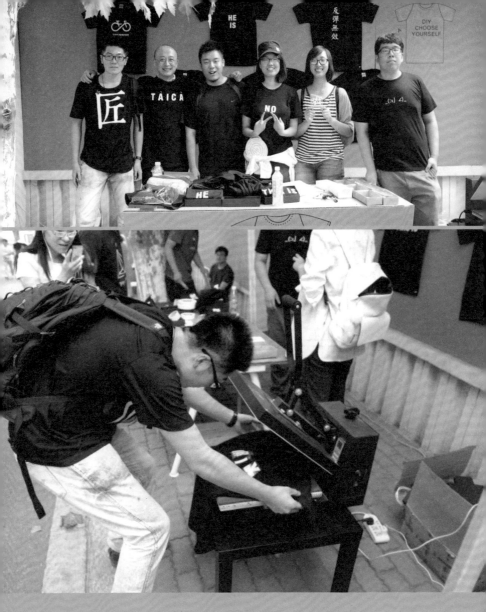

成员感悟

　　把这个想法落实的过程就仿佛是一次创业体验，初创业的艰难只有经历过的人才会懂。一开始，我们谁也不知道衣服上的单色图案或者彩色图案是怎么印上的；谁也不知道纯棉还是莫代尔的衣服到底有什么区别。查资料，买材料，买机器，所有人围在一起动手做实验。方法从打印机升华墨水，到热转印纸，再到最后的刻字膜。从最开始印几件自己穿，到后来一次做几十件的大订单，衣服都是一件一件印的，问题也都是一个一个解决的。

　　其中明显可以看出，大家对现场拼字这个活动环节非常感兴趣，纷纷表示可以制作自己的个性Ｔ恤这一行为非常酷，而我们组内成员的设计功底还是不错的。标准款式也有很多人购买，而现场预定的环节，由于大家的怕麻烦的心态、描述不清等原因，并没有很多人确实够买，这一点是十分值得我们去思考的。

P+S 模式

来块镜子

一个女生就能安装好的穿衣镜

设计背景

　　对于刚入学的大一新生，尤其是女生来说，每个寝室都需要一块安装于墙面的穿衣镜。然而，由于镜子本身体积、质量比较大，且易碎等原因，大大增加了安装的难度。于是，学校周边穿衣镜的售卖商家大多都提供上门安装的服务，也在无形中提高了镜子的购买成本。

　　针对这些调研结果，我们决定做从购买镜子、运输回宿舍直至安装结束的一系列流程化的产品与服务设计，即一个女生就能轻易安装好的一面穿衣镜。

成员介绍

董雏清	李欣星	裴正泽	秦艺瑄	秦渊	孙倩
设计制作	设计制作	方案策划	采购	展示销售	财务

设计调研

我们调研了校内不同宿舍楼的寝室户型，同学们使用镜子的情况，从而给出最佳建议安装位置。

两种宿舍布局如下：

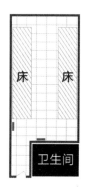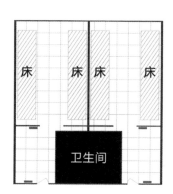

⊖：穿衣镜建议摆放位置

我们调查了市场上几乎所有的镜子，找到了性价比最高的厂家，镜子选用了 5mm 厚的银镜。

包装材料方面，为了满足低成本和抗压强度要求，我们选用经济耐用的瓦楞纸板，这一包装在整个过程中，承担了包装材料、运输工具、安装工具等多种角色，在产品整个生命周期内各个阶段都起到了不同的重要作用。环保的同时也节约了成本，这是本次设计的最大亮点。

设计说明

根据数据测验，大小 1200mm × 300mm，离地 500mm 的镜子就可以照到女生的全身，因此我们把瓦楞纸整板的尺寸定在了 1700mm×400mm。

产品尺寸和人体关系

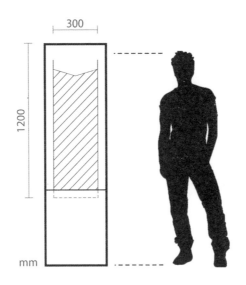

为了节省人工成本，镜子上墙安装应该尽量简单，通过对瓦楞纸包装盒胶贴位置的结构设计，一个人就可以轻松安装。为了运输过程中节约空间，要求产品包装表面平整，能堆叠。多次试验后，我们的包装方案是多层瓦楞纸粘贴而成，镜子一端由板面切口嵌住，另一端由纸板夹扣保护。

安装过程如下图所示。

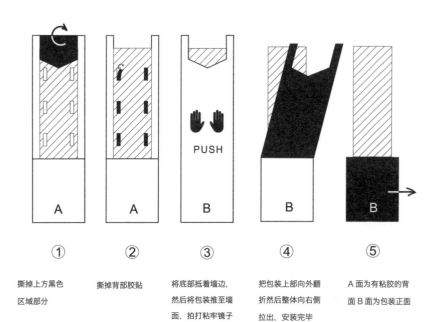

① 撕掉上方黑色
区域部分

② 撕掉背部胶贴

③ 将底部抵着墙边，
然后将包装推至墙
面，拍打粘牢镜子

④ 把包装上部向外翻
折然后整体向右侧
拉出，安装完毕

⑤ A面为有粘胶的背
面 B 面为包装正面

产品展示

　　最终，成品出炉，简单大方的瓦楞纸包装，侧着拿即可搬运，对于一个女生来说质量适中，且不易打碎。靠上边与视角平行的位置有安装说明。安装时只需看着说明按步操作即可。

现场布置与售卖

　　现场除了有海报以步骤图的形式展示我们镜子的易安装性，同时还有我们录制的五步安装示范视频循环播放。价格经过各方面分析调研，确定为寝室四人可以平摊的最佳价格。

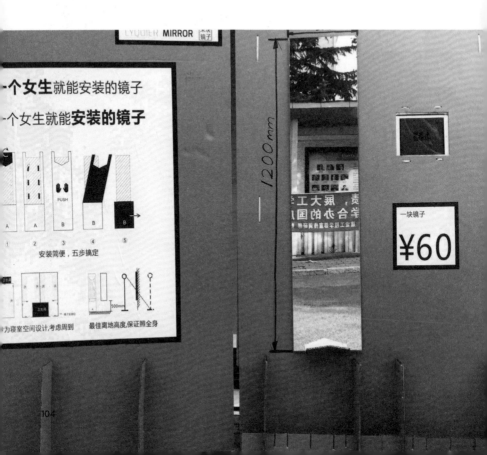

现场每位经过的同学都会来照一下镜子，从而驻足脚步，了解我们的包装设计后，不论买不买镜子，都对自己安装镜子跃跃欲试。

盈利模式

我们的营销采取两个售卖点分开售卖的模式。

一是在西山一条街进行主要的宣传和销售；二是在大一女生寝室楼下设立分支售卖点进行针对性售卖。

分开售卖的好处就是可以扩大客源，主干销售点面向所有年级、性别的学生，分支销售点专注于女生和新生，最终在主干销售点售出30面镜子，在分支销售点售出26面镜子。除去作为实验的镜子，全部都销售一空，证明我们的尝试是成功的。

产品盈利统计表

营业收入(元)	总收入 3360	=	单位价格 60	*	数量 56		
产品成本(元)	总成本 2540	=	材料费用 2110	+	广告费用 185	+	人工费用 245
			镜子 1500 瓦楞纸板 350 泡沫胶 260		宣传板 90 贴纸 95		纸板切割 125 雕刻 120
盈利情况(元)	总利润 820	=	总收入 3360	-	总成本 2540		

成员感悟

在这个的项目中，我们对穿衣镜进行服务设计，方便客户自己安装镜子，减少了上门安装的人力成本。在最后做销售服务时，虽然还是有人要求我们帮忙安装，但大多数的购买者都对对自己安装跃跃欲试，说明设计是可以引导和改变用户习惯的。最后，团队合作分工一定要明确，且在之前要有明确详尽的计划，在发生冲突、矛盾的时候，要以整体利益为重。团队内部成员的态度，也是决定创业是否能成功的一大因素。

总之，将设计落地，真正把产品做出来，会使设计初学者受益匪浅，会打开我们做设计的角度和思路。

ZZZZAH

大工建筑积木设计

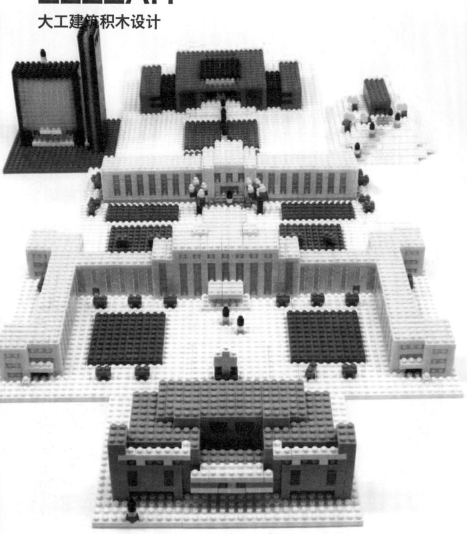

设计背景

　　关于大连理工大学我们都会记得在伯川图书馆和令希图书馆门前排过的队；在山上礼堂看过的峰岚杯；在第一、第二教学馆的自习，抬头就能看见的窗外的玉兰；还有现代感十足的创新园大厦。学校里的每一处建筑，都承载着我们共同的回忆。而当年建校之初师生共建一馆的故事也在大工学子中代代相传，成为了独属于大工人的一份浪漫。

　　正是在这样的背景下，我们提出了：用乐高积木搭建大工建筑，让每一个大工人都能亲手搭建熟悉的校园景色，带走属于自己的大学回忆。

成员介绍

朱琳
设计与协调工作

黄雪馨
产品与海报设计

艾玛莎
设计与调研员

邹雨岑
设计与财务管理

赵杰
设计与联络工作

张春秋
设计与包装工作

灵感来源

通过调研与分析，我们决定将主楼、伯川图书馆、令希图书馆、第一、第二教学馆、山上礼堂、创新园大厦（后简称大黑楼）作为此次大工搭系列的灵感来源，这六座大工标志性建筑承载着大工学子的美好回忆，希望能以全新的方式呈现。

最终我们决定制作一系列大工可拼搭积木。产品包括积木零件、使用说明书及包装盒。这些产品都是装配好一同出售的。其中积木拼搭后的造型为我们的主要设计，说明书按照拼装过程步骤清晰展示，外包装的图案为搭建后的效果展示图。

造型设计

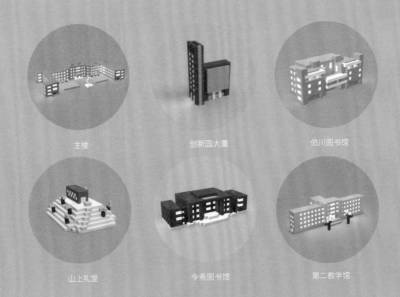

主楼

创新园大厦

伯川图书馆

山上礼堂

令希图书馆

第二教学馆

包装盒设计

根据积木搭建后的最终效果设计的线稿图作为包装识别图案，在宣传与辨识上区分六种建筑物，既清晰地展现搭建完成的造型，又带有一丝神秘感。

产品展示

　　以下就是大工搭系列产品的最终效果，在原先建筑基本造型的基础上，协调颜色搭配，不论是喜欢素雅、简洁，还是明快色彩的都可以找到自己心仪的一款，同时为每款建筑加入人物及绿植等环境氛围，成为大工的独家记录，不再是单一的建筑，更能通过场景人物勾起大工人那份特别的记忆。

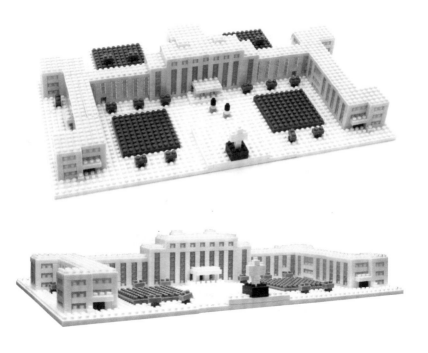

1. 主楼 宅是整套系列里规模最大的一项了，加入透明颗粒，整体恢弘明亮，在细节处考虑将地标性雕像及花坛抽象化设置，根据实际位置比例放置于整体建筑前，成为最受瞩目也是最先售卖完的产品。

2. 山上礼堂 有山有礼堂，有人也有树，山上礼堂是重要的汇演场所，记录了一幕幕舞台经典。

3. 教学馆 在大工，教学馆门前的玉兰总是最先盛开，这座经时间沉淀的建筑使用米黄与浅灰配色，造型低调又不失美感。

4. 伯川图书馆 高级灰沉稳大气，简洁端庄，它古朴简约的气质吸引着大批钻研学术的同学们。

5. 令希图书馆 黑与红经典的配色，视觉效果突破且震撼，承载了大工学子曾经奋斗的美好回忆。

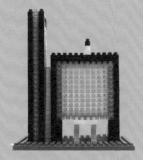

6. 大黑楼 大工独具代表性的现代科技感建筑。蓝、白、黑的配色充满理性感正如大工的学子一般严谨认真。

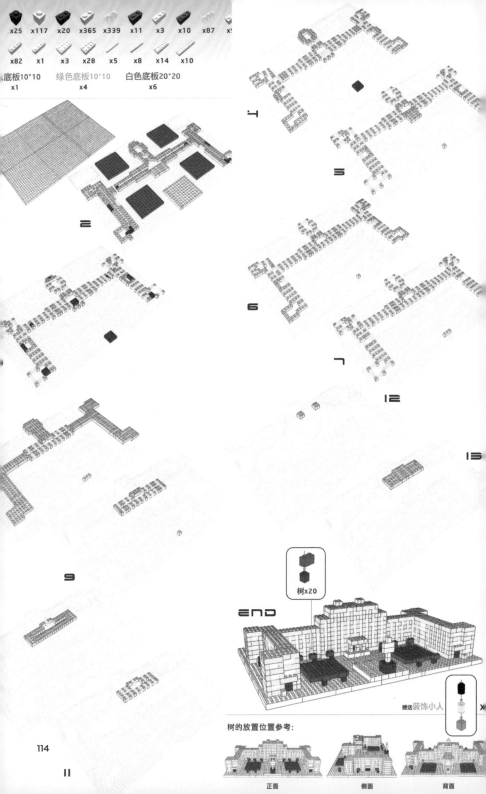

x25　x117　x20　x365　x339　x11　x3　x10　x87

x82　x1　x3　x28　x5　x8　x14　x10

底板10*10　绿色底板10*10　白色底板20*20
x1　　　　x4　　　　　x6

树x20

END

赠送装饰小人

树的放置位置参考：

正面　　　　　側面　　　　　背面

制作流程

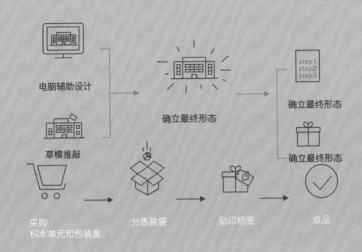

电脑辅助设计

确立最终形态

确立最终形态

确立最终形态

草模推敲

采购
积木单元和包装盒

分拣装袋

贴印标签

成品

经过成员小组几个月的努力，从设想—建模—草模—跨软件修改—导出步骤图—说明书排版—产品包装—购置零件分拣装袋—塑封—宣传，一步一步体验产品从概念到实物的艰辛历程。

盈利模式

我们的系列产品包括六个单品，在定价前，通过微信公众号进行宣传，以此作为试探性调研，初步了解了客户对每一样单品的喜爱程度。

根据调研结果，决定将产品价格分为三个等级：149元对应的主楼进货两件，利润最高，以此来吸引高端用户；49元对应教学馆、大黑楼、伯川图书馆和令希图书馆，是我们主打的价格档位。教学馆进货10件，其他进货20件，成本各不相同，其中大黑楼成本最低，教学馆的成本最高。值得一提是，在前期调研中，大黑楼受到极高的期待，又因为这四个单品的表面价值看起来相同，所以我们决定统一它们的售价，并把单价从最开始的39元提到49元，通过售出更多的大黑楼来获得更大的利润。

产品盈利统计表

产品名称	主楼	二馆	山上礼堂	伯川图书馆	令希图书馆	大黑楼	整体
数量(个)	2	10	20	20	20	20	92
产品研发成本（元）	100	60	60	60	60	60	400
组装散件成本（元）	67x2	33x10	8.5x20	18.5x20	21x20	17x20	1764
产品包装成本（元）	6X2	3.2X10	3.2X20	3.2X20	3.2X20	3.2X20	300
运费（元）	5	15	20	20	20	20	100
现场布置成本（元）	4	4	4.5	4.5	4.5	4.5	26
总成本（元）	255	441	318	519	568	489	2590
售卖单价（元）	149	49	29	49	49	49	/

成员感悟

　　共同见证设计由灵感演化到完整可售卖的产品，无论是对于整个过程的体验，还是感受创业的过程都令人难忘，体会到真正的设计不仅是图纸上的造型，更是每一个环节的认真研究。从方案设计，到购买材料制作，再到统计、购买、包装，稳步推进，大家一起主动把控。这次创业实训令人印象最深的就是团队的合作，一次成功的项目离不开默契的团队配合，各司其职，又齐心协力促使这次创业实训顺利进行。知道了只有一个团队才能完成。在这次设计中，我们感受到了团队合作的重要性；在团队工作中，每个人都可以发挥自己的长处，相互学习，互通有无，在更好地完成项目的同时，也能在各方面提升自己的能力。

结束语

　　"大众创业、万众创新"的浪潮给了有实干精神又有专业能力的设计师实现梦想的平台，本次创业实训项目是大连理工大学建筑艺术学院工业设计系的一次全新尝试，一次让情怀变为现实的实验，给学生种下一颗创业的种子，当遇到适合的土壤环境时便能生根发芽。